打开心世界·遇见新自己

HZBOOKS PSYCHOLOGY

怎样驱逐内心的黑狗

壹心理　编著

机械工业出版社
China Machine Press

图书在版编目（CIP）数据

怎样驱逐内心的黑狗 / 壹心理编著 . -- 北京：机械工业出版社，2022.1
ISBN 978-7-111-70141-5

I. ①怎… II. ①壹… III. ①心理学 - 通俗读物 IV. ① B84-49

中国版本图书馆 CIP 数据核字（2022）第 005785 号

壹心理是国内专业的心理学服务平台，本书精选壹心理“人生答疑馆”社区中关于“负面情绪”大家普遍关心的重要问题，由专业的心理学答主为读者正面解读种种疑惑，为迷茫的你打开一扇门，帮你找到心中那条黑狗并且驯化它，在负面情绪的灰暗中找到属于自己的光。

怎样驱逐内心的黑狗

出版发行：机械工业出版社（北京市西城区百万庄大街 22 号 邮政编码：100037）
责任编辑：李欣玮
责任校对：殷 虹
印 刷：三河市宏图印务有限公司
版 次：2022 年 1 月第 1 版第 1 次印刷
开 本：130mm × 185mm 1/32
印 张：3
书 号：ISBN 978-7-111-70141-5
定 价：39.00 元

客服电话：（010）88361066 88379833 68326294 投稿热线：（010）88379007
华章网站：www.hzbook.com 读者信箱：hzjg@hzbook.com

序言　写给最亲爱的你

虽然叔本华说，“和幸福一样，痛苦是必须存在的，就像手心和手背，不可分割”，但是我们每一个人都在追求幸福，避免痛苦。

痛苦是什么？其实就是一些负面情绪。为什么我活得比别人更痛苦，这些负面情绪是从哪里来的呢？这些痛苦往往来自我们成长早期父母等和我们有亲密关系的人给我们带来的一些创伤体验，这些体验大到生离死别，小到一个眼神、一句话，只要超过一个孩子的承受能力，就会造成创伤。可是那都是小时候的事情，为什么我现在反而比小时候更痛苦？弗洛伊德说：“如果没能消化好创伤，那些被压抑下去的东西注定会变成当下的经历被重复出来，这就是强迫性重复。”

一个被忽视、不被爱，不被父母理解、接纳和共情的小孩，会觉得这是自己不够好导致的，为了获得父母的认可和更多的爱，他需要压抑和隔离自己的很多负面情绪，小心翼翼地讨好周围的人。为了爱，为了活下去，他付出了失去自我的代价。这个小孩渐渐长大后，依然不能做真实的自己，不能表达自己真实的情绪。一路走来，他压抑和隔离了很多负面情绪，他活得越来越理性，越来越没有情感，这消耗了他很多心理能量，让他变得越来越无力，体会不到生命的意义和价值。

孩子保护自己的方式是原始防御机制，现在孩子长大了，这种方式保护不了他们了，反而会让他们重复过去的痛苦，怎么办呢？

当下的我们要如何面对负面情绪，如何面对死亡，如何找到生命的意义和价值？这些问题都可以在本书中找到答案。在本书中，有过创伤经历和疗愈经验的网友与有着丰富实践经验的专业咨询师共同努力，希望告诉你如何面对负面情绪，如何找回生命的意义，如何应对自杀的想法。

你心中的疑问，可能都会在书中找到答案。

如果你读了本书之后，获得了某些启示或疗愈，那么很高兴这本书能成为治愈你的良药；如果你依然觉得很痛苦，那么建议你来壹心理平台预约适合你的咨询师。

世界和我爱着你！

壹心理入驻咨询师

李丽峰

写在前面

如果给你机会，让你的生命重启，重新成长一次，会怎样呢？

小时候，我们踮脚眺望长大后的自己；长大后，我们频频回望那段年少时光，而心中那个令我们疑惑已久的答案，总是在我们回顾过去、参照别人的经历时出现……

阿德勒说：“在人生这条路上，有人走在前方，就有人落后，有人走得快，就有人走得慢。但这并不代表我们必须通过竞争达到目的。或快或慢，该往哪儿去，都是个人选择，不该由输赢去印证自己的向上。我们真正该拥有的是‘往前’的力量。”

人生答疑馆线上社区精选了人生中真实且重要的几十个问题及其回答，希望能一直陪伴着你，可以随时随地为不同时期和经历中的你提供一些参考建议和指引方向。

人生无非是，苦来了，我安顿好了。

人生答疑馆把人生之苦划分为不同的主题，包括负面情绪、青春成长、职场进阶、原生家庭，再匹配对应的提问，安排优质解答。

在问答中，你不仅能体验专业心理咨询，还能加入相关话题圈子，与有相同经历的人进行实时的交流讨论，产生更深层的思想碰撞。

或许看完本书的你，能获得关于这个复杂人生的新认知和新感触。

目 录

第2章 正确识别死亡焦虑

第3章 无法回避的话题：死亡这件事

第4章 互动 进阶时间

附 录

第 1 章

学会拥抱负面情绪

01

/

如何让悲观的人变得乐观

如何让一个悲观的人变得乐观，并且持续乐观下去，积极地为自己活着，而不受外界的影响？

Page B（1星精华答主[一]）

危机和顺境就像两只猫，一只黑猫，一只白猫。黑猫看

[一] 答主头衔。人生答疑馆根据答主在社区的回答数 / 优质回答数设置相应头衔，根据头衔等级从低到高排列为：1星、2星、3星、4星、5星优质答主；1星、2星、3星、4星、5星精华答主；1星、2星、3星、4星、5星荣誉答主。答主头衔等级越高，获得的福利越多，权限越大。

起来可怕，却预示着力量；白猫看起来柔顺，可是如果过于宠溺白猫，可能成为白猫的奴隶。白猫和黑猫有时相依，有时打架，有时吵闹，有时好像不存在一样。

我们觉得很多事不顺，一定是因为某个地方没做好。这样先入为主的判断反而显得思维太简单了。比如，有的人是“月光族”，认为这一定是刷淘宝造成的，于是询问如何能让自己不刷淘宝。然而应该思考的是如何培养理财意识。比如，有的人没有朋友，认为这一定是因为自己不够外向，于是询问如何能变得外向。然而应该思考的是自己的依恋模式是否影响了交友。

又比如，有人觉得自己没有安全感，或者情绪容易波动，认为是自己太悲观，于是询问如何变得乐观。但也许更应该探索的是如何更好地面对自己的压力和情绪。

一直乐观的人很可能并不存在。也许有人表现得是这样，但其实这很难做到。不同年龄、阶层、职业、角色的人，都有自己的压力和担忧、期望和恐惧。

和恐惧、担忧、压力共存，需要一定的心理能量，不去妖魔化它们。它们和时间感、意义感、自我实现、子女教育、阅读一样，会一直陪伴着我们。

星远（1星优质答主）

亦舒曾经在《流金岁月》里说过："你天生乐观，最叫我羡慕。"乐观和悲观确实受一定的遗传因素影响，但这并不意味着不能改变，我们可以通过自己的认知改变和行为改变来让自己变得更乐观。

美国积极心理学之父马丁·塞利格曼（Martin Seligman）在《活出最乐观的自己》中指出了习得乐观的一种方法，简称"ABCDE模式"。其中A代表adversity，指不好的事件；B代表belief，指信念、想法；C代表consequence，指引发的后果；D代表disputation，指反驳；E代表energization，指激发。

ABCDE模式认为，当外界发生不好的事情，我们的信念会引发一定的情绪或后果。意识到自己的信念是错的，反驳自己习惯性的错误行为，激励自己养成正确的习惯，是由悲观变为乐观的最好方法。

举个例子，你想减肥，坚持履行你的减肥计划很多天。这些天你都能做到不吃甜点、油炸食品和烧烤。但是有一天，你晚上下班后实在是太累了，忍不住买了一杯奶茶。以前你会觉得："我真是太没用了，连这点诱惑都抵御不了，我真想打自己一巴掌。”这样下去你会怎么做呢？可能你会觉得：“反正我已经破戒了，那我把冰箱里的蛋糕也吃了吧，把上次买的薯条也吃了吧。”结果体重反弹，减肥计划落空了。

在这个案例中，A 是“忍不住买了一杯奶茶”，B 是“我真是太没用了，连这点诱惑都抵御不了”，C 是心情失落、破罐破摔，吃了更多高热量食品。长此以往，这会打击你的自信心，降低自我效能感，使你遇到什么事情都觉得自己做不好、坚持不下去，进而形成习得性无助，也就是你所说的悲观。现在我们要做出改变。

1. D：反驳自己。你可以反驳自己的消极想法，如：“我今天辛苦了一天，晚上没有吃晚饭，喝一杯奶茶也没有什么大不了的。我喝了奶茶，并不代表我前几天的坚持就白费了，其实我一直做得非常好，每一餐的量都控制得恰到好处，我不能因此否定我的努力。”
2. E：激发正确的观念。你可以对自己说：“喝了这杯奶茶没关系的，晚上我可以在外面散散步，然后明天继续坚持履行减肥计划。我不会因为这一点点阻碍就觉得自己很失败，明天我还要继续坚持我的减肥计划。”

案例中的减肥，也可以替换成考试、工作、早起等很多事情。其实悲观和乐观都取决于你的解释风格，当你觉得这件事情没有那么严重，还有改善、挽救的后路，并努力寻找解决方法、及时止损时，你就养成了乐观的习惯。坚持这种习惯，你将受益终身。

Echo（热心小可爱）

乐观和悲观是双生的、相互交融的、不会分离的。接纳悲观，放大乐观，让它们在心里并肩而行。

在生活中，我在别人的眼里是个极其乐观的人，但是我们给别人看的往往是我们想给别人看的，他们怎么也想不到乐观如我却有死亡焦虑。不管发生什么事，我都会先悲观地预想之后会发生的事，把最坏的结果想出来，而不去期待什么好结果。因为对我来说，没有期待就没有失落。这是悲观，但同时这也是乐观。因为我接受了最坏的结果，所以我不会沉浸其中，我的情绪不会陷进去，我变得更坦然了。

当然，我觉得也有使自己更加乐观的方法，譬如经常和乐天派的人待在一起。他们就是有一种神奇的感染力，能让你觉得自己有了活力，更愿意乐观地看待这个世界，也可以感受自己的存在，感受你的呼吸、你的心跳、你的情绪，在一个安静的环境中感受自己的与众不同，接纳不同的事情带给你的不同的情绪。生活不就像一盒混搭巧克力盘吗？因为你不知道下一刻会发生什么，所以生活才变得如此有趣和多彩。

02
/
总让身体受伤，这是怎么了

我今年25岁了，去年刚刚参加工作。我一直非常胆小，从来没想过死亡的事情，更别说自杀了。但是从初中开始，我总是用伤害自己或者捶打的方式去发泄情绪。我经常莫名其妙地情绪低落，然后就想伤害自己发泄。我会很清醒地给工具消毒，我知道这样不好，但是我好像上了瘾，只有这样，情绪才能真正平复。

另外，当我遇到一些不想面对、不想完成的事情时，我总想用受伤来逃避，有时候会付诸行动。比如，我不想去跑操，就会在下楼梯的时候故意踩空，让自己崴脚。

我这样正常吗？我该怎么去改变呢？

李琰琰（国家二级心理咨询师，2 星优质答主）

自残是可以上瘾的。已经有研究表明，刀割确实可以降低部分情绪痛苦的来访者大脑杏仁核（人类的情绪中枢）的激活水平，从而让人的感觉变好。在这里，痛苦情绪成为负强化物，自残因为能去除一个厌恶刺激而被强化。此外，自残行为还能使主体感觉世界是可控的，它确实有心理上的功能。所以，自残并非不可理解。

但自残带来的短暂的心理安慰，需要付出长期的代价：感到羞愧和内疚，丧失学习情绪处理的机会，造成身体伤害等。用受伤来回避不想完成的事情，是另外一种形式的自残，其心理层面的意义可能是回避会引发强烈情绪的困难情境。这个理由听起来似乎冠冕堂皇，但这样的行为当下可以解除痛苦，却会造成长期损害。其根本原因是缺少对痛苦情绪的忍耐力和解决问题的策略。所以你需要学习如何更好地认识自己，更恰当地表达情绪，控制自残行为，并学习解决问题的策略。建议你寻求咨询师帮助。

翅膀四（1星优质答主）

对自己的伤害一般出于两种目的：一是感受自己的存在，不让自己脱离现实生活；二是转移注意力，逃避自己不想面对的情感。你之所以选择这种方式，与你对生活的体验有关。

就第一种目的来讲，高智商的人容易做出这种行为，因为他们对自身、对周围的分析到位且完善，对事情看得很透，所有的事都在他们预料之中，身边发生的事很难给予他们刺激。长期缺乏新鲜刺激，人们会觉得麻木、压抑，觉得每天都在进行枯燥的循环，找不到活着的乐趣。伤害身体既能使人感受到真实的疼痛、真实的存在，又能让人产生兴奋感，所以经常被拿来使用。

就第二种目的来讲，一方面，由于发现无论采用何种方式，结果都是逃避，人们会懒得找别的办法来消除痛苦；另一方面，当人们养成了伤害身体的习惯，凭借对自己身体的认知，人们知道自己不会有大问题，于是会放任自己继续。

这也从另一个角度体现出了“高智商”：你其实对自己的身体有很好的认知，所以才会放心大胆地折腾自己，或许还会暗地里感到自豪。你很清楚自己什么时候会真的受伤，什么时候不会。即使真的失手，也不失为一个惊喜，因为你的生活太缺少意外了。

想改掉这个毛病，要从对生活的体验入手，有了正常的情感体验，自然就不会需要这种畸形的刺激。至于具体怎么做，还需要你多和别人交流、探讨。

03 / 活着到底是为了什么，有什么意义

我从小就没有活着的明确目标，没有特别强烈想得到的东西。当然我也喜欢娃娃、零食、漂亮的衣服，但是对于梦想和更加重要的人生目标，我一直是迷茫的。

因为父母外出工作，经常把我关在家里，我身边也没有爷爷奶奶、外公外婆等亲戚的陪伴，一直是孤独的一个人，从来没有人愿意好好了解我，所以我也害怕和别人推心置腹地交往，害怕对方会泄露我的秘密，把它们当作和其他人聊天的谈资。

因此，我对很多事情都很淡漠，觉得世界上没有能

让我留恋的东西。或许有人会说："那你的父母呢?"我知道他们爱我，但是我很难感受到这份爱，而且因为小时候他们没有陪伴我，没和我深入地谈心，他们甚至不了解我真正的想法。

从8岁开始，我自杀过四五次，我觉得我活着没有意义，无欲无求。直到现在，我还是浑浑噩噩地被推着往前走的。在我心里，我依然没有放弃死亡。我想知道其他人是抱着怎样的信念活下去的。

阿阿阿阿阿阿阿零（1星优质答主）

每个人都有活下去的意义。生命苦短，活着可以是为了自己的梦想、为了家人，也可以是为了更好的自己，你觉得你活着有什么意义就有什么意义。自己赋予自己意义才是最大的意义，你要通过自己的努力得到你想要的。加油，你想要的会有，别怕自己一个人。

人生来孤独，你要习惯，一个人的时候好好照顾自己，别畏惧，慢慢尝试和人们交流，你可以的。而后，最终意义是你自己找到的，怎么活得惯就怎么活，活着最好。

齐亚坤（国家三级心理咨询师，3星优质答主）

也许从小缺少父母的陪伴让我们感到很孤独，这成了我们生命的底色，以至于长大以后的我们依然不敢信任任何关系，更难以在关系里体会到爱。

而那些支撑我们活下来的，让我们留恋的，就是与人的关系、我们体会到的爱、对美好事物的向往。不知道你的成长历程中是否也曾有一些让你感受到温暖和爱的时刻，能照亮你走的某一段路？如果这些并不足够，你可以找一个心理咨询师，在一段安全的关系里，慢慢建立起信任感。

Freya ~（4星优质答主）

因为你还活在这个世界上，所以你才可以思考这些问题，可以来壹心理提问，可以体验到焦虑、烦躁、疲惫的感觉。

如果去世了，那就什么都没有了。那不叫“解脱”，而是什么都没有了。你自己都不存在了，又如何去体验“解脱”这种感觉呢？解脱带来的快乐、轻松，你更加无从体验。

也许你现在还没有找到生活的意义，但是只有活着，你才能去找寻。而终有一天，你会找到属于你自己的生活的意义。

04 / 总觉得活着很累，我得抑郁症了吗

我是一名初三女生，我最近觉得自己情绪很低落，我觉得我是被老师逼的，我每天都会莫名其妙地被骂、被批评。

有些时候我甚至控制不好自己的情绪，想哭，哭的时候又会想一大堆烦心事，越想越难受，偶尔晚上睡觉前也会哭出来。我不知道是什么原因，有些时候我甚至会想“死了算了”。

我总觉得自己过得很累，很想大哭一场，大声地吼

出来。我的脾气也越来越大。现在的我没有以前开心了，有些时候笑都是假的，记忆力越来越差，反应迟钝，昏昏欲睡，感觉自己是个失败者。

熊猫君刘女士（2 星优质答主）

你好，你写下这些话语的时候也许情绪很激动，无论如何，希望你看到这个回答后，内心的痛苦可以得到缓解。

你的文字里多次出现了“哭”，可见你的悲伤与压抑已经让你觉得疲惫不堪了，于是你无助地流下了眼泪。

哭是人类比较常用的情绪表达，是一种常见的行为。开心的时候可以哭，悲伤的时候也会哭。但无论是悲从中来、泪如雨下，还是喜极而泣，如果一个人长期流泪，变得越来越容易无法控制自己的哭泣，就说明他 / 她的情绪已经出现了问题。

一个人心理健康的标志是能够合理地控制自己的情绪，有效地生活、工作、学习。当我们发现自己好像失去了对自我情绪的把控能力的时候，你的大脑其实在发出警告。间歇性地哭泣，脑子里不停地出现消极的想法，越来越不自信……这些都是你身体和大脑发出的警告。如果你沉溺于这种无助感，没有合理地排解和调整，就有可能出现比较严重的心理问题。

亲爱的，由于我和你隔着屏幕，我不能断言你目前是否患上了抑郁症。但是，就你文字中描述的情况来看，你应该只处于消极情绪压抑阶段，基本还拥有理智的思维，可以求助和发泄。所以不用太担心自己是否已经走进了漩涡，一切都还来得及。前提是，你要勇敢地面对问题，面对你自己。我们来理一理你目前的情况。

（1）来自老师的批评和打击摧毁了你的自信。我能感受到你很委屈，委屈往往是消极情绪的开端，因为你觉得自己是无辜受伤的，你觉得自己承受了不该承受的指责。对于“我是被老师逼的，我每天都会莫名其妙地被骂、被批评”这一点，我的理解是：你并不知道自己为什么不受老师待见，你的老师没有对批评你这件事做出相对合理的解释。在我们的生活中，教育者使用的方式方法非常关键，很多教育者自己没有处理好情绪，他们的情绪往往会波及学生。当然，他们自己也许根本不知道。这个现象比较常见。

我的建议是：当你再次听到别人刺耳的指责，不要立刻指责你自己。因为你本来就很不开心，无论他人是对还是错，你都会由于自我责备而陷入情绪的漩涡。无论听到什么不好的评价，都先冷静下来，建立一个说得通的逻辑。你需要一个解释：为什么老师要责骂你？是因为你迟到、早退，你作业完成得不好，还是因为你成绩下滑得太厉害？如果你的老师莫名其妙地伤害了你，你就需要保护好你的内心。

你应该是一个特别敏感的人，在乎他人对你的态度，不想让别人失望。但是，亲爱的，这个世界上不存在完美的人，我们多多少少会做得不够好。思考一下，如果是你做错了事情，那么就事论事，下一次改过就可以了；如果是老师的问题，那么你更不必因为他人的错误而用痛苦来惩罚自己。深呼吸，然后用平静的言语向恶语相向的人问清楚原因——你总不能莫名其妙地受伤吧？别太过苛责自己，尽力而为就好。

（2）要勇敢面对消极情绪，找到情绪的触发点，并且控制它。你“控制不好自己的情绪，想哭，哭的时候又会想一大堆烦心事，越想越难受，偶尔晚上睡觉前也会哭出来”。哭说明你压抑得太久了。我推测你压力的来源应该不仅是你的老师，还有你的家人或你身边的同学。你的烦心事千丝万缕，但你选择了错误的应对方式。

当你想哭的时候，其他心事也冒了出来，你哭得更厉害、更无法控制自己了。结果就是画地为牢。一开始你可能觉得哭一哭就好了，吼一吼就畅快了，没想到情况变得越来越糟糕：心事重，晚上没办法入睡，到最后甚至没有办法控制住自己的情绪。这会导致你的大脑极度疲倦，注意力下降，你当然就没有以前那么活跃了。这是一个消极的循环。

我的建议是：打破消极循环，寻找积极自我。很多人觉得情难自控，年轻的时候尤其如此，于是放任自己在悲伤中沉溺，最后才发现自己连自救的力量也没有。你要明白，一些琐碎的事情引发了你的消极感受，你需要勇敢地面对它们，而不是通过这种方式逃避。

当你难过的时候，要控制自己，发泄的方式有很多，不只有对自己进行精神折磨。你可以去运动，运动时大脑会分泌多巴胺，抵消你的消极感受。然后你需要思考：为什么事情会变成这样？如果可以解决，怎么解决？继而整理出可行的方案。与其蒙头痛哭，不如想想怎么改变现状。

（3）你不是一个没用的人，你只是不开心而已。亲爱的，你肯定有些怀疑自己：为什么我会那么难过，为什么我会备受指责？然后你就魂不守舍了，你没有充足的睡眠，没有优秀的体质，没有理性的判断，更没有把自己从消极情绪里拉出来的决心。任何人经历了这样的一段时期后，都会和你一样，开始注意力涣散，浑浑噩噩，反应迟钝。说白了，你给了自己太多的折磨，把自己变成了自己不喜欢的样子。

我的建议是：接受自己的全部。我不相信你真的一无是处，你只是在逃避而已，逃避的最好理由和方法就是让自己厌倦这个世界。好像只要把自己搞得一团糟，很多解决不了的问题就可以有一个合理的说法。但其实你并不是真的想这样，你只是不知道如何面对现在的自己而已。

你肯定很优秀，你也肯定曾经自信满满。可人活在这个世界上，总会有意难平的时刻。好好休息，好好睡一个觉，然后洗个热水澡，把自己打扮得清清爽爽，去买一些喜欢吃的东西，和许久未联系的老友一起看个电影。别把自己关起来。你要允许自己有不够完美的时刻，这样你才能体验到成功的喜悦。放轻松一点，好好地思考一下你的长处在哪里，然后用自己最大的努力将它发挥出来。

自信一点，你很好，别和自己过不去。亲爱的朋友，我们总会有消极的时刻。蔡依林有一首歌叫作《消极掰》，建议你听一听。人生有一万种不容易，颓废一下也没什么，最重要的是我们跌倒之后还能站起来，在悲伤以后还能看到这个世界的无数可能和无数美好。

小艾同学（1 星优质答主）

当我们被骂、被批评的时候，我们很容易认为可能是自己不够好，才遭受老师的批评。别人的看法是一个外界刺激，它经过我们核心信念和负向自动化思维的无限放大，导致各种不必要的情绪产生。真正令我们难过的，并不是别人的看法，而是我们心中对别人的揣测。比如，题主可以想一想，你是怎么确定自己每天莫名其妙地被骂，是因为老师刻意针对你的呢？当我们判断一种说法是否成立时，我们会给自己心理暗示，先寻找它说对的地方，而不是说漏的地方。

这种心理暗示很容易让我们陷入负面情绪，认为别人说的就是自己。在负面情绪的包围中，我们也很容易感受到事物悲伤的一面。面对这种负面情绪，我们应该怎么办呢？

“RAIN 旁观负面情绪法”（简称“RAIN 四步法”）认为，当你不把情绪等同于自身的全部时，就会发现情绪起起落落，既不是与生俱来的，也不是一成不变的，它产生于特定的状况，从外面进来，像一个突然造访的客人。运用 RAIN 四步法，让自己成为“目击者”，就能用正念处理一些情绪。

RAIN 的四个字母分别代表识别（Recognition）、接受（Acceptance）、探究（Investigation）和非认同（Nonidentification）。首先，识别它。“噢，它是伤心。它在敲我家的门了。”然后，接受它。“来就来吧，别推开它，越推它可能越来劲。”接着，探究它。“原来它是由片刻的愤怒、片刻的悲伤、片刻的无助和片刻的惊慌组成的。”最后，表达对它的非认同。“你可以在我家坐一会儿，但我才是这里的主人。我现在要让你走了，请原谅……”

我们习惯在自我批评时层层加码，因害怕而羞愧，又因羞愧而愤怒。RAIN 四步法可以帮我们剥除一层层附加反应，识别它们，放走它们，再回到起点。

你需要启用理性。比如，当老师发脾气的时候，你可以看看其他同学的反应，事后再问问同学：“你刚才感到害怕了吗？”如果你能意识到老师不是刻意针对你，那么你就能从这一负面情绪中脱离出来。

题主说自己可能得了抑郁症，我觉得你只是陷入负面情绪太久了，不知道如何解读你所说的情况而已，希望以上方法能帮到你。

第 2 章

正确识别死亡焦虑

05

/

人类有选择死亡的权利吗

我第一次有意识地意识到自己不想活着，是在我 14 岁的时候，我在作文上写下“人生的意义到底是什么”。我的父母互不信任，分房睡，我妈妈拉拢我、排挤我爸爸，我爸爸假装和我在一个阵营。自然没有人注意过我自己的想法。

现在我父母已年近六十，每日仍旧剑拔弩张，恶语相伤。由于需要他们帮忙照顾孩子，我不得不时常应对。我 30 岁了，在一线城市闯荡了多年，面对父母的现状，仿佛在胶水里游泳，既无能为力又恐惧。可怕的是，妻子才 30 多岁就已经开始拒绝改变，不回应别人，想控制别人（在家里，妻子和我妈妈控制着彼此），我在她身上看到了她父母生活模式的苗头（她父母的关系也很不和）。

我曾经被告知，上了大学人生就有意义了，经济独立就好了，恋爱了就好了，没有一个人肯定过我“活着没意义”的想法。我有过几次放弃生命的念头，都没实施。如今我的孩子两岁了，我能看到的却是我的婚姻、家庭在走原生家庭的老路。但上有老、下有小的我已没有选择死亡的权利。

人类会不会发展到一定程度，那时十几岁或三十几岁的人放弃生命的想法会被理解、被默许？

新一（5 星优质答主）

放弃生命的想法可以被理解、被默许，比如你在这里说出你内心的想法，当然可以被尊重、被理解，但是如果你实施了自己的想法，把它变成了行为，就会造成伤害，我们不建议这样。你觉得呢？

以前我对死亡这个话题非常感兴趣，当然避免不了地会涉及自杀。我曾经看过一篇文章，文章中说，人一生中或多或少会出现关于自杀的念头，只是次数的多少因人而异。看到这里，我觉得原来人都一样，都会有自杀的念头。文章中最有意思的是，一对模范老夫妻直到最后一次接受采访，才说出了自己内心的想法。在别人眼里，他们恩恩爱爱，但当被问及有没有想过杀死对方或者自杀时，他们的回答都是“当然想过，而且不止一次”。

因此，想没想过自杀不重要，重要的是用什么来排解自杀的念头。你身边那些看起来恩恩爱爱的夫妻，也可能有杀人或自杀的念头。脑子里出现自杀的念头是可以被理解和尊重的，我脑子里有时也会闪现出这种念头，不光我们俩，就算心理咨询师也会有这种念头。所以最重要的是把自己的心思集中在解决问题上。

Baby steps（5 星优质答主）

也许在人类发明出“后悔药”后，就可以拥有选择死亡的权利了。毕竟现在死了，人就没了，后悔也来不及了。不过，如果可以无限重生，人们大概就可以始终斗志昂扬地生存了吧。

人在人生的每个阶段，无论是早年、中年，还是晚年，都可能产生想要离去的念头。早年接受不了世界对自己的恶意，中年接受不了社会给自己的压力，晚年则接受不了自己给家人造成的沉重负担。

说来也奇怪，早年和中年，我们主要是接受不了外界对自己的影响，到了晚年，却反过来接受不了自己对外界的影响。既然从人生的开始到结束，我们的态度能发生 180° 的大转变，那么我们怎么能确定十几岁、三十几岁看破红尘的自己以后不会后悔呢？就像最近热门的“佛系”，只有经历过、看破了，才有资格说自己已经“云淡风轻”；没有经历过，便只是“求而不得”后的逃避，“伪佛系”。

其实从早年到晚年，世界的恶意也好，社会压力或责任也好，照顾家人的感受也罢，都只是将目光聚焦于周围，认为自己应该怎么做，却一直忽视了自己对周围的重要性。事实是：不是为周围的人做了多少，你才有多大价值，而是因为你对这些人来说具有独一无二的价值，所以你才会为他们做更多事，使他们的生活更美好。

被动消耗还是主动积极，只在一念之间。意义是生来就有的，不是靠名利、地位、金钱、才华、颜值来定义的。问问你身边的人，如果要在生命和以上选项中做选择，他们会选什么？答案不言而喻。

王永馥（国家二级心理咨询师，1星精华答主）

原生家庭一定会缓慢向互敬互爱发展，你的父母处在从男尊女卑向男女平等转换的过渡期，父母那辈人的旧模式被打破了，现在年轻夫妻的新模式还在半有意识的摸索中。你发现你妻子还处在无意识摸索阶段，并不比长辈有进步，就很悲观。但是社会进步从来就不是一蹴而就的，也许未来的某个时刻，人类会更自由，包括拥有选择死亡的自由。

06
/
脑子里总出现自己死亡的画面

最近脑子里总是出现自己正在做事情，结果做着做着就死去了的画面，很频繁，一天会出现好几次。而且我最近非常消极，我觉得自己抑郁症复发了。

冰蓝（3 星优质答主）

我们每个人都要面对死亡，最终也都会走向死亡，但我们每个人骨子里都有对死亡的焦虑，这种焦虑能让我们无意识地躲避危险。只是，如果我们每天都想着这件事，就不能正常地享受当下的生活了。

你最近常常想到死亡。从理论上说，我们的确什么时候都可能出现意外。意识到这一点后，有两种可能的反应：一是什么都不敢做了，一直活在恐惧和焦虑中；二是更加珍惜眼下的生活，过好现在的每一刻，也就是向死而生。我不知道你最近是不是经历了什么让你感到不安全的事件，或者有什么事让你思考死亡，触发了你的死亡焦虑。但我想你应该知道，我们意外死亡的概率还是挺小的，对吗？

其实，思考死亡这件事挺好的，说明我们开始思考我们的人生，开始准备为我们的人生负责了。当然，如果情绪持续低落，对你造成了影响，还是建议你接受正规治疗。

ZHUQIANG（4 星精华答主）

最近你脑子里频繁出现你在做着事情的时候死去的画面，而且心态非常消极，觉得自己抑郁症复发了。这也可能是自残倾向的表现，需要你重视起来，积极参与咨询！

总是幻想自己死去时的情景？被害妄想是妄想症中最常见

的一种。患者往往处于恐惧状态，感觉自己被人议论、诬陷、暗算、强奸、伤害，财产被劫，以及容易意外身亡等。被害妄想症患者往往有自杀倾向，如不早诊断、早治疗，容易酿成大祸！患者多有特殊的性格缺陷，如主观、敏感、多疑、自尊心强、自我中心、好幻想等。这与患者童年时期受过某些刺激，缺乏母爱，缺乏良好的人际关系等有关。

自残或自虐倾向？自残是一种转移压力的方式，也是一种不良的发泄方式。当焦虑、紧张、不安、痛苦等得不到化解时，一些人习惯增加身体的痛苦，以此来减轻精神的痛苦。这是一种病态的做法，应该及时干预，以免发展到不可挽回的地步。凡事都不要苛求自己，要学会客观、全面地分析和看待问题。更重要的一点是要学会与人沟通，把心中的困惑、不满向他人诉说，宣泄出来，这样能在一定程度上避免自虐心理和自虐倾向的出现。

心理咨询中的危机干预六步法如下。

1. 明确问题。从来访者角度确定和理解其问题，这一步需要使用倾听技术。
2. 保证来访者安全。把来访者对自己和他人的生理和心理伤害程度降到最低。

3. 与来访者进行沟通与交流，积极、无条件地接纳来访者。
4. 提出并验证应对危机的变通方式。大多数来访者会认为自己已经无路可走，咨询师要帮助来访者了解更多解决问题的方式和途径，充分利用环境资源，采用各种积极的应对方式。
5. 制定计划。制定计划时，要充分考虑来访者的自控能力和自主性，与来访者共同制定行动计划，以克服其情绪失衡状态。
6. 获得承诺。回顾行动计划，并从来访者那里得到诚实、直接的承诺，使他们能够坚持实施为其制定的危机干预方案。

07 / 亲人离世，每天都想死，我会痛苦一辈子吗

亲人的离世使我难以接受，但我不能逃避现实，只能慢慢接受。现在我每天都在思考死亡，一想到那些，我就感觉什么都没有意思。

冰蓝（3 星优质答主）

死亡的确是一个大话题，在这个生生不息的世界，死亡一直存在，但是很少有人直面和思考它。亲人的离世让你不得不

面对死亡这件事情。我猜去世的是一个和你比较亲近的人，并且可能你之前还没有这么清晰地面对过死亡。

其实我们每个人从出生起就有死亡焦虑，只是我们没注意到它。正因为有它，我们才能自动躲避危险。就连心理层面也发展出了许多防御机制，让我们能好好地活下去。也就是说，对死亡的逃避和焦虑一直存在，但是我们看不见。

我没有亲身经历过很亲近亲人的离世。我没经历过爷爷、奶奶和外公的离世，只经历过外婆的离开，但是因为平时我们很少见面，我只记得她走得很安详，走之前她就知道自己快离开了，没有难过，没有悲伤，她很清楚也很接纳自己的死亡，所以那次经历对我的影响不大。

但是工作后，我一个同事的意外离世让我开始真正地正视死亡。表面上我没受影响，但是我偶尔会梦到她和在世时一样和我们一起吃饭、聊天。后来经过分析，我得知原来是我没接受死亡这件事情。我觉得死亡离我很远，其实是因为我不敢面对死亡焦虑。当我知道这一点后，我就再也没有梦到过她，我也开始思考死亡这件事情。

为什么要有死亡呢？死亡的意义在哪里？我理解你现在一想到死亡，就会觉得反正人都要死，做什么都没有意义。但是，反过来想，正是因为有死亡，我们的生命才有限，我们才不会挥霍生命，我们才希望在我们的人生旅途中活出自己的样子，活出意义。正如你现在的状态，你看到了死亡，这是一个转折点，也是一个开始，思考生命意义的开始，这使你不会再浑浑噩噩地活着，对吧？

当然，亲人离世对你来说除了意味着你需要面对死亡，还意味着你要面对一段关系的结束，这也是这件事深深地影响了你的情绪的原因。一段关系就这么突然地终结了，谁都需要慢慢接受。但是你要看到，你难过是因为一段亲密关系的结束。让我们慢慢接受这段关系的结束。去接受、看到死亡，去接受、看到关系的结束，然后专注于自己的人生。在你的人生旅途中，有人会向你走来，有人会离开，只有你自己是从开始一直走到结束的。所以勇敢、坚定地走下去吧！

吴子系（5星优质答主）

伯特·海灵格（Bert Hellinger）的《谁在我家》或许会给你启发。

第一，在家庭排列里，我们能观察到，“每一个死去的、生病的和遭受厄运的人都希望活着的人好好地活着。一个人的死亡和不幸就已经足够了，死去的人希望活着的人一切都好。不仅仅小孩有爱，那些遭受痛苦或死亡的人同样也有爱”。

第二，“最重要的是活着的人在现实生活中仍然要纪念死者，保留对死去的孩子的爱”（当时作者在处理一个有关夭折的孩子的案例）。

第三，“在许多人看来，死者好像已经离开了，但是他们能去哪里呢？显然，他们的躯体是不在了，但是他们通过不断地影响生活显示他们仍然存在”。如果死去的人在家庭里有适当的位置，他们就会带来好的影响，鼓励活着的人继续活下去；否则会引起焦虑不安，让人们陷入应该去死的假象。

08 / 我们该如何与死亡和解

一则新闻提到："某位肿瘤医院主任医师表示，很多癌症晚期患者饱受病痛折磨，但家属往往会拒绝采用舒缓治疗[㊀]，怕被认为自己不孝。社会上年轻人自杀时有发生。我们对尊重生命的相关教育有一定欠缺。他建议从中小学阶段起就开展死亡教育，让人们尊重死亡，尊重生命。"

我十分赞成这一建议。死亡对于大多数人来说是一

㊀ 舒缓治疗指对那些对治愈性治疗不反应的病人进行的完全的、主动的治疗和护理，包括控制疼痛及有关症状，并对心理、社会和精神问题予以重视。其目的是为病人和家属赢得最好的生活质量。

件应“绝口不提”的事情。但想要学会与死亡和解，也是需要一个过程的。

我们该如何正视死亡，不恐惧死亡，与死亡和解呢？

手工作坊搬运工（5星优质答主）

我思考了很久，也没有想到该如何回答这个问题，因为表面上看它似乎在讨论如何与死亡和解，其背后却存在另一个问题，那就是：为什么活着？只有讲清楚了为什么活着，才真正拥有与死亡和解的可能。

其实死亡本身对将死之人没有太大意义，早也是死，晚也是死，唯一不同的只是时间罢了，因为将死之人已经没有机会面对生的可能了。死亡的意义在活人那里，只有活人才能体会死亡带来的冲击与死亡的意义。

从这一点来说，死亡不是给死人准备的，而是给活人留下的一道难题。破解这道难题的入口还是在活着的意义上。当你找到活着的意义，死亡对你而言就是一件自然而然的事情。面对死亡，你既不会恐惧，也不会担心，因为你已经找到你活着的意义，没有遗憾，死亡也不会带走任何有意义的东西。这就是与死亡和解。

在中国，避谈死亡的原因并不是人们恐惧死亡，而是人们很难面对死亡带来的缺失。从本质上来说，中国像一个族群国家，构建族群的基础是一个又一个的家庭，西方社会则由一个又一个独立的个人组成。

有句话说得好，“家是最小的国，国是最大的家”，家国一体。那么一个家里走了一个人，对这个家而言就是缺失了一个组成部分。缺失的这个部分该如何填补，需要其余家庭成员来决定。这里涉及的不再只是一个人的死亡，还有整个家庭的生存问题。在面对一个家庭的生存问题时，有几个人敢说自己可以轻描淡写地选择死亡？没有人会轻易谈这件事。这才是中国人避谈死亡的原因。

其实死亡并不是一个新话题，陈毅之子陈小鲁、罗瑞卿之女罗点点就曾提倡过“尊严死”，因为他们都曾目睹自己的亲人承受疾病折磨时不能选择死亡的痛苦。死亡很容易，实施死亡也很容易，但死亡的意义需要借助活着的意义来确定。如果无法确定活着的意义，那么死亡又有什么意义呢？

萌洋洋同学（2星优质答主）

如何正视死亡？让我们一起看一看吴承恩的观点。

家喻户晓的《西游记》直面生死，深刻地向我们揭露了“永生的美好和死亡的恐惧”：无论是各路神仙品尝蟠桃，太上老君炼神丹妙药，还是妖魔鬼怪为了获得唐僧肉，百般阻挠师徒四人西天取经，从本质上看，他们都是在追求“永生”。但区别在于：神仙通过奉献、放手、助人来修行，向阳而永生；妖怪通过索取、占有、害人来修炼，向阴而不死。《西游记》希望借此教会我们“向死而生”的人生态度和觉悟，促使我们珍惜当下，活出精彩人生，做一个敢于直视生死，有孝、有爱、有为的人。

开展死亡教育的拦路虎是什么？我国之所以还未普及死亡教育、性教育，很大程度上是因为传统思想的束缚。我国传统文化避讳谈论死亡，因为人们内心恐惧死亡。古人的观点是：不谈论死亡就是最好的心理防御，我们不应该主动触及死亡话题。

这种观点很被动。我们不探讨死亡，如何对待即将离开的亲人？不触碰禁忌，何谈悦纳和面对？这不可能办到。正是因为死亡教育的极度匮乏，才会有今天面对亲人离去的事实，想过自杀、长期抑郁的人。

缺乏死亡教育的不利后果包括：①缺乏对死亡的预期，无法接受亲人的死亡，饱受恐惧、焦虑、抑郁、悲伤等痛苦情绪折磨；②没有死亡状态的立体参照，对自己和他人的生命持淡漠态度，自伤或伤人；③缺乏对生命意义的深刻理解，对生活的追求处于肤浅层面，对生活的热情不足，个人价值感低。

在家庭中进行死亡教育的方法如下：①正确引导孩子理解死亡的含义，死亡是一件简单、正常的事情，并没有那么恐怖，它就是生命的传承和轮回，好比植物冬天枯萎，第二年春天焕发生机；②珍惜生命，珍惜时间，努力实现自己现阶段的梦想与目标，做好每个阶段不同的、出色的自己！

第 3 章

无法回避的话题：死亡这件事

09

/

自杀这个话题，该被讨论吗

每天壹心理问答社区都有多个与自杀相关的话题被搜索。粗略统计，每年有超过十万人次的访客搜索了与自杀相关的问答。

自杀这个话题出现的频率还是很高的。搜索这个话题的人虽然未必真的想要自杀，但是很可能出现了心理危机。

每当分享自杀话题时，大家似乎都不太愿意谈。社会也还缺乏心理社工、精神服务机构等。自杀这个话题应不应该被讨论，应该如何讨论？

王明灿（5星优质答主）

这个问题我想好好地谈一谈。从心理咨询和我这几年的工作经历来看，我认为自杀干预的工作是非常重要的，但是存在一些困难。

首先，自杀干预工作中最难的是，你无法确定对方是真的想自杀，还是情绪宣泄，或者处于其他什么状态。很多时候，我们接到电话时，只能通过电话里传来的声音来判断对方的状态。可是对方实际上在做什么，我们完全不知道。

有一次，我所在的咨询机构的客服接到了一个电话，在电话里，来访者说她要自杀，现在就站在36层的高楼上，随时可能跳下去。接到这个电话，客服顿时慌了，手足无措。她立马联系了咨询师，询问应该怎么处理。当所有咨询师坐在一起讨论这个问题应该怎么解决时，其中一个咨询师冷静地说了这么一番话："她说的是真的吗？有没有可能她有其他想法？"这个咨询师的问题让大家慌张的心情彻底平静了下来。

后来，这个咨询师和来访者谈话，发现她刚才所说的并不完全是真的，实际上她正在家里准备用刀片割腕自杀。尽管撒了谎，可是她"自杀"的意图并没有改变，只不过相比"跳楼"，割腕是相对柔和的自杀方式，通过合理的干预，有一定机会避免危险的发生。

可见，当他人自杀的情况发生时，冷静的心态是非常必要的，没有经过专业的训练，面对这种情况一定会发慌，一发慌，话就说不利索，极易把自己的情感带进去，从而陷入万劫不复的境地。

其次，保密原则。保密容易被大家忽略，需要引起大家的注意。想自杀的人之所以会这么做，是因为失去了对这个世界的希望，没有活下去的勇气了。在干预的过程中，他 / 她势必会说出内心诸多的不满和相关事件的细节。其中哪些能说，哪些不能说，什么事情该保密，哪些属于保密例外，咨询师心里都要有数，一旦弄错，会给想自杀的人带来巨大影响。在正确了解情况前，咨询师需要做好保密工作，马虎不得，一旦谈话内容被泄露，被想自杀的人听到，他 / 她一定会感受到更多的痛苦和绝望。

最后，提供有效的社会援助。很多自杀的案例情况很复杂，我们就遇到过一个极端的例子：一个孩子每天被父母折磨、虐待，选择了自杀，幸好被人及时发现，抢救了回来，但是如何安置孩子成了一个棘手的问题。让他回原来的家，他一定会重蹈覆辙；不让他回家，他又离不开父母的照顾。后来社区找到我们，让我们先解决家长的问题，孩子暂由社区负责监护，待父母的问题解决以后，再把孩子送回家。这个案例说明了一个现象，自杀离不开社会环境的制约，也脱离不了现实的因素。

就我个人的感受来说，我认为不宜在公开场合讨论自杀的相关话题，如果要讨论，也应尽量只针对客观话题，如自杀应该如何干预、遇到他人自杀应该怎么做等进行讨论。倘若有人公开在网上发表自己想要自杀的言论，一些激烈的、不太友善的话语，会给人带来巨大的伤害，从而激发巨大的社会矛盾。

处理这类事情的最好方式是引荐相关专业人士，做好自杀的干预工作。假如平台上有想自杀的人，作为平台管理者，可以及时提供这方面的资源，做好这方面的服务，同时加强对其他相关人员的引导。只有在多方努力之下才能做好自杀干预服务。

飞飞（5星优质答主）

我想，我们或许可以从生命教育的角度来探讨这个话题。“应不应该讨论自杀”之所以会成为一个问题，或许是因为：我们不希望任何一个生命因非自然原因而逝去，我们希望通过我们的努力为对方提供更多的可能性和选择的余地，但是这样的使命似乎过于沉重，一个不小心就会起到截然相反的作用，这样的重担我们有些承受不起。

出现“但是”这种句式，一般是由于我们内心有冲突、矛盾。如何应对内心的冲突呢？有两个办法：“撤销”其中任何一种想法，或者改变所有想法。

对于自杀话题，撤销哪一种想法似乎都不太合适：假如我们撤销“不讨论自杀”，尽可能多地提供除自杀外的其他可能性，由于选择自杀的人往往眼里、心里全是自杀的念头，这时告诉他 / 她“你其实有很多选择”会引起其反感，他 / 她甚至会觉得你不理解自己；假如我们撤销“提供多种选择”，相当于我们不对这件事付出任何努力，这显然更不合适。

那么，就只有一条路了：改变所有想法。这样一来，这个话题似乎就可以由“应不应该讨论自杀”演变为“应该如何减少自杀”了，即由“治已病”演变为“治未病”。

我暂时想到的对待他人的方式如下：

1 平时多学习一些危机干预知识。很多人在有自杀的想法或行为时，不会或没有条件向专业人士或专业机构求助，而会向身边熟悉或信任的人倾诉。这时，如果我们懂得一些危机干预知识，就可以一边安抚他们，一边替他们求助，阻止其自杀。

2. 重视身边的人的倾诉，不要认为他们小题大做。我们需要学习一些相关心理知识，力图及时、敏锐地察觉身边的人的一些异常行为，并找到合适的解决途径，大大降低其自杀的可能性。
3. 正确认识自己的能力，不做能力范围之外的事。专业的事还是要交给专业的人去做，非专业人士只能起到缓解作用。我们需要认识到自己能力的有限性，及时向专业机构伸出求助之手。

此外，我们可以这样对待自己：

1. 学会求助，敢于求助。一旦发现自己有自杀的想法或行为，一定要敢于向自己的社会支持系统及专业机构求助。多采取这样一个行动，多等待一些时间，或许我们的未来会有很大不同。
2. 保持自我觉察的能力。有时我们的思维走到一个胡同里，我们很难觉察这时的我们哪里不对劲。如果平时我们就有反思的习惯，当我们觉察到自己正陷入和往常不太一样的状态时，就能够及时提醒自己，避免做出一些令自己后悔的事情。

3. 提高自我效能感。善于发现自己的价值所在，找到可以体现自己价值的地方或领域。哪怕只是很小的一件事，如果对自己很有价值，就不妨尝试着坚持做下去。

4. 培养克服困难的勇气。每个人在自己的人生道路上都多多少少会遇到一些坎。我们平时在小事上就要锻炼自己，不轻易放弃；这样，遇到自己认为的大事时，才能有勇气去尝试克服它。

同时，希望专业机构能做好以下方面：

1. 重视家庭教育。父母或其他养育者是我们成长早期最亲密、最信任的人。几乎每个人接受家庭教育都早于社会教育。因此，提高家庭成员的心理素质，孩子的受教育水平会得到相应的重视和提高。

2. 重视生命教育。每个人单靠自己的力量都没有办法独立生存。专业机构需要更多地进行生命教育，启发个体看到自己的生命并非和他人毫无关联，而是有着千丝万缕的联系，同时帮助个体找到自己生活的意义。这种“普惠”的宣传或许也是专业机构可以做的重要事情之一。

综上所述，如果我们通过共同的努力，将自杀话题的搜索量由 10 万变为 8 万、6 万，甚至 4 万，可能也算是贡献了一些正向的宣传导向力量吧？

10 / 如何察觉有自杀倾向者的“求救”信号

9 月 10 日不仅是教师节，也是世界预防自杀日。

2002 年，费立鹏等人刊登在英国医学杂志《柳叶刀》上的论文指出，1995 年至 1999 年，中国大陆每 10 万人中约有 23 人自杀。

从公共卫生的角度来说，自杀是可以预防的。消除人们自杀的动机，并为自杀行为设置障碍，可以有效减少自杀事件。

在生活中，我们如何察觉有自杀倾向者的“求救”信号，又如何帮助他们？

星晴（3 星优质答主）

如何察觉有自杀倾向者的求救信号？

1. 语言。当一个人犹豫要不要自杀，或决定自杀时，他们的语言会表现出显著的特点，如“活着好累，没意思”“人死了以后还会有痛苦吗”“活着还有什么意义”。
2. 情绪变化。当一个人的情绪发生急剧变化，如遭遇创伤性应激事件后本来情绪低落，但突然有一天反常地开心起来，需要谨慎应对，这往往是对方决定自杀的信号。一个人在纠结要不要自杀的时候，是彷徨的、痛苦的，一旦决定自杀，反而会仿佛找到了解脱的方法，其情绪会发生很大的转变，变得开心、活跃、兴奋。而这往往是最容易被人忽略的。原本外向、活泼的人突然变得不苟言笑，也可能是自杀的信号。

3 反常行为。一个人一旦决定了自杀，必然会有反常的行为出现，如莫明其妙地独自离开，没有告诉任何人原因，回来后别人询问也不回答；面对领导的批评、同事的抱怨，没有任何情绪反应；总是在高处或没人的地方彷徨，情绪低落，这可能是在选择自杀的地方；莫名其妙地把心爱的东西送给别人，等等。这些都是自杀的标志性行为。

4 最后的告别。有自杀倾向者决定自杀后，可能会进行最后的告别，这是帮助他们的最后机会。若某人说了一些告别的话语，如“如果我死了你会不会想我”“以前是我做错了太多，对不起，以后我不会再给你添麻烦了”，我们需要警惕。最后的告别还可能是行为上的，如：突然请朋友吃饭，说了一些奇怪的话；照了一些正式的照片，但他 / 她现在并不需要这些照片……

公益团体“树洞行动救援团”将自杀风险分为十级，从 1 级到 10 级依次为：生存痛苦有所表达，未见自杀愿望表达；生存痛苦明确表达，未见自杀愿望表达；强烈的生存痛苦，未见自杀愿望表达；自杀愿望已表达，具体方式和计划未明；强烈的自杀愿望，自杀方式未明；自杀已在计划中，自杀日期未明；自杀方式已确定，自杀日期未明；自杀已在计划中，自杀日期大体确定；自杀方式已确定，近日内可能进行；自杀可能正在进行中。

成人自杀干预需要注意以下事项：不要责备或说教；不要被误导；不要过急；不要留下来访者一个人；不要试图挑战来访者；不要让来访者对自杀的秘密有所保留；不要否定来访者的自杀意念；不要因为周围的人或事转移目标；不要讨论自杀的是非对错；不要把自杀行为神化；不要陷入被动；不要忘记观察并用文字客观记录；不要批评、诊断、分析来访者的行为或对其进行解释（摘自壹心理明星咨询师李强的课程PPT）。

校园心理危机干预的程序为：建立个人关系；运用同理和倾听，稳定有自杀倾向者的情绪；赋予对方力量和希望；恰当提醒对方自杀未遂的后果；询问未实现的愿望；寻找社会支持系统；寻找需求，促成认知改变；联系相关机构的危机干预人员到场；签订契约（行为凭证、不自杀协议）。

作为亲友，我们可以加强对有自杀倾向者的看护，给予他们陪伴，尽可能不要让他们一个人待着；不对他们进行任何评判，接纳他们的想法；必要的时候可以选择报警。

答疑馆小耳朵（5星优质答主）

有自杀倾向的人一般具有以下特征。

1. 性格、情绪发生巨大转变。比如，原来内向的人突然变得外向，原来健谈的人突然沉默寡言，反之亦然；表现出因应激事件导致的中重度焦虑、抑郁、惊恐、强迫或狂躁等。总之，这个人变得令你仿佛不认识他 / 她了。
2. “恍恍惚惚”，不在状态。比如经常答非所问，说错话、做错事，做什么都心不在焉，哪怕只是一些简单的事情。
3. 有大量退缩行为。比如不上学、不上班，把自己关在家里，作息不规律，大量地抽烟、喝酒，甚至注射毒品，大手大脚地花钱，自伤、自残，失踪等。
4. 查找、谈论或书写有关死亡、生命的意义、自杀等的内容。
5. 托付人和物给别人。将对自己重要的人或物托付给亲友。

以上特征符合的越多，实施自杀的概率就越大。

怎么帮助有自杀倾向的人？当发现身边的人有自杀的想法，制止其自杀的最有效方法就是科学陪伴。

1. 对有自杀倾向的人的陪伴必须是全天不离左右的陪伴，并给予其衣食住行方面的照顾。
2. 陪伴者需要随时做到很好的倾听。每当有自杀倾向的人想说话时，陪伴者应第一时间搁置手头的活动，做好倾听的准备。在倾听过程中不打断、不评价对方的话语，最好边听边点头，或者说“我知道了”。其实有自杀倾向的人一般不太愿意说话，陪伴者可以给他们讲讲身边发生的事、与他们有关的人和事等，帮助他们建立与外界的联结。但切忌对其问东问西，尤其是询问自杀的原因。
3. 在陪同和互动的过程中，需要做到以下几点：不要劝慰当事人，说“人生多么美好”“没有过不去的坎”等；不要批评、责怪、抱怨、谩骂、质问当事人；不要哀求当事人，说“你不在了，我怎么办”等。这些行为和言语都会伤害当事人，使当事人觉得内疚、无力，甚至愤怒。
4. 寻求专业干预，陪伴当事人进行心理咨询或心理治疗。

当打算实施自杀者经过身边的人有效、科学的陪伴，情绪稍微稳定一些以后，陪伴者需要陪同其进行心理咨询或心理治疗，接受必不可少的专业干预。只有这样才能在很大程度上阻止其自杀念头复燃，甚至实施自杀行为。

每个人状态好的时候都明白生活的美好和生命的可贵，但是当一个人跌入人生的低谷，陷入心灵的困境时，他 / 她的整个世界就灰暗了，看不到阳光，感受不到温暖，看不到希望，只有无尽的孤寂、困苦和哀伤。

因此，请多给身边焦躁的人一份耐心，多给身边心情低落的人一份微笑与阳光，多给身边不会表达和展现自己的人一份理解与尊重。当然，如果你心情低落、充满压力、疲倦不堪，请记得一定要好好保护自己，放松心情，找到适合的方式释放压力。希望大家能一起享受生命的意义和快乐！

11 / 如果活得痛苦，什么是最好的应对方式

如果活得痛苦、活得不开心，死亡或许是最好的应对方式吗？一方面，死亡会带走你的痛苦；另一方面，死亡会抹去你所有快乐或不快乐的时光。

活着固然好，可以享受美食，享受爱情，但这是对一个没有痛苦的正常人而言的。对于活得痛苦的我，这些都不重要了。每天都痛苦地活着，痛苦大于快乐，这样的生活还有什么意义？最好的办法就是结束痛苦，让痛苦终止！

星晴（3星优质答主）

我不知道你经历过什么，或者正在经历什么，所以没有资格评论你说的这些，但是我看到了你活下去的欲望，否则你不会来这里，提出这样的问题。我能够理解这样的想法，因为我也一样。

现在，每当有人告诉我他 / 她真的活不下去了，他 / 她想死，我都会对他 / 她说："我不知道你到底有多绝望，因为这只有你自己能够体会。如果你真的觉得太痛苦了，以至于无法承受，也许死亡会好受很多，那我不拦着你，因为如果你已经下定决心，我再怎么拦也无济于事。我只希望你的决定不是一时冲动，希望你不要后悔。"

我曾是重度抑郁症患者，很能理解这种感受，我也和你一样尝试过列出自己向往死亡的理由。但最后我发现，那些理由都不是无懈可击的，比如我曾以为死亡是一种解脱，但又有谁能明确地告诉我们死亡以后是怎样的，会不会还记得现在发生的一切？死亡是未知的，活下去后的未来也是未知的，但后者的可预测性比死亡大得多。

张佳英（国家二级心理咨询师，4 星优质答主）

看到你的问题，我心里感到有些为难，很想回应点什么，又生怕自己说错什么。看到你的话，我不免想到：生命真的是一个“选项”吗？我们似乎都没有自己选择过是否要出生。那反过来，“死亡”是一个选项吗？好像无论我们选不选，它都是我们每个人必然的归宿。

在这些重大命题面前，我只能谈谈我的感受和想法。痛苦可能算是生命最忠实的朋友，如影随形。当我们形容一个人的痛苦时，我们会说这个人“痛不欲生”。我想有时候人生的痛苦确实会让我们觉得难以承受，因此我们会想，也许唯有了结生命，我们才能真正了结痛苦。

死亡是不是真的能了结痛苦，由于我们都没有死过，所以不能真正知道。只是作为人，我们总会抱有一些希望，我们想结束的不是“自己”，而是“痛苦”。既然我们能想到用“死亡”这样的手段来结束痛苦，那么在那之前，我们是不是也可以试试其他选项？也许还会有些其他感受出现，而不是被痛苦占据。愿我们可以给自己一个机会，让“生活由己”，这样一来，死亡就不是一个急于实现的选项了。

兔子（热心小可爱）

我觉得人生其实可以从另一个角度来理解——平静和波动。选择平静的人也许会更加满足、普通、平凡，也有可能内心更加坚定。而选择波动的人可能更倾向于变化、起伏、突出、竞争等，有时也表现为焦虑不安。二者的状态不同，感受也不同。

由于痛苦和恐惧的感觉对人的刺激更强一些，经历了负面的事情后，我们可能会开始关注痛苦。在无限放大痛苦感受的同时，其他的感受会慢慢地被掩盖，你会觉得人生充满了痛苦，到处都是痛苦、难过、悲伤。其实也许快乐和幸福就隐藏在你的痛苦里，只是你太偏爱痛苦，所以感觉不到它们。

有人认为死亡意味着痛苦的结束，而我觉得死亡更意味着情感和体验的结束。因为我们消失了，不再体验人生，所以人世间的一切都与我们再无关系：别人的痛苦、难过、撕心裂肺与我们再无关系；快乐与幸福不再有意义；我们将只存在于别人的观念里。我们可能是空气、水、阳光，甚至是一阵风，而不再是充满感情的人。生而为人，在世间体验了足够的酸甜苦辣之后，化为一阵风，这样不好吗？

我有时候也会思考生存与死亡的问题，但我觉得做痛苦的人可能比成为尘土、泡沫、空气好一些，因为我觉得如果我消失了，我就没有了意义。希望能给你一些安慰，毕竟没有人是一生美满的。

12 / 每个人都会想死亡这件事吗

我 27 岁了，经常想死亡这件事。我知道每个人过得都不容易，我也经历过很多，但是在有不好的事情或者令我没有安全感的事情发生的时候，我还是会想如果死了就好了，而且最好是意外身亡，这样我不会落下埋怨，也不会觉得愧疚。我很好奇是不是每个人都会想死亡这件事，或者或多或少都有过死的冲动？

高恒（国家二级心理咨询师，3 星精华答主）

对于死亡，我们还有太多未知的地方。我们总以为死就可以解决问题，就不用面对问题了。但是走向死亡就一定能解决问题吗？还是说，这样会制造更多的问题？

死会给谁制造问题或创伤？当然是给家庭。咨询中有不少案例：一些人结束了自己的生命，给家庭造成了非常大的影响。这种影响对家庭来说是深远的，也许会持续好几代。

当你对死亡这件事情产生好奇的时候，我们通常认为是你的死亡动力在发挥作用。具有正面意义的是，了解死亡，而不选择死亡，这对生命有一定的促进作用——向死而生，那股死亡的动力将转化为活下去的动力。

记得我参加过一些死亡工作坊，在工作坊中，死亡的模拟情景会触发不同参与者的深层意识，他们会做出不同的反应，有的人大哭，有的人非常恐惧，有的人平静面对，有的人甚至能够笑对死亡。死亡有时候离我们很近，而我们能做的是在活着的时候过好每一天、每一个当下，这是死亡给我们的最大的启发。

虽然每个人都有权利决定自己生命的走向——死亡或者继续活下去，但在生命还没有走到自然死亡的那一步时，就用人为的方式走向死亡，是对自己生命的不尊重。

倦天涯（热心小可爱）

齐奥朗（一位哲学家）认为自杀的念头是自然的、健康的，对存在的强烈渴望才是一种严重的缺陷。他甚至将自杀的念头视为能使人活下去的唯一想法，因为“自杀让我明白，我可以在我愿意的时候离开这个世界，这令生命变得可以承受，我不必毁掉它”。

我才十多岁，我身边的很多朋友、同学，甚至不少平时看起来很开朗的人都曾有意无意地对我说过，他们曾考虑过离开这个世界。我也曾这么想过。但幸运的是，我们都没有付诸实践。

我想起一部小说里有人问主角，是什么支撑着他，让他在天台乘凉时没有跳下去。我想可能是因为我们并不是一座与外界隔绝的孤岛，我们与外界或多或少有着一些联结，或是与亲人的联结，或是与朋友的联结，其中总有一些联结让你舍不得放弃，或许这些让人放不下的联结就是让我们活下去的理由吧。

毕淑敏有一篇文章，题目是《我很重要》，是我们的课文，里面阐述了我们对于朋友、对于家人的意义。我们的提前离开，对我们的挚友来说，意味着要无端承受失去一个好朋友的痛苦；对我们的家人来说，更是一个巨大的、持久的打击。你可以想想，你的挚友会不会常常想起已经离开的你，会不会回忆起和你在一起的快乐过往，然后为你的离开而黯然神伤？你的家人会不会在某个寂寥的夜晚想起你，为你的离开彻夜红着眼眶，只能抚摸着你的照片来回忆你？

每当想起这些，我都觉得，想要悄悄离开，不影响他人，那只是我的一厢情愿，我的朋友、我的亲人并不会因为我走得悄无声息而忘了我。人生的每段时光都会有属于那段时光的痛苦，但与外界的联结会让我们走过痛苦，继续活下去。

13 / 支撑你活下来的是什么

最近一段时间，我过得很不好，甚至有了自杀的想法。请问大家，是什么支撑你们活下来的呢？

捕捞星辰（3星优质答主）

我想分享一下自己的故事。我从小就很迷茫，不知道活着的理由，似乎总在思考人生有什么意义，我们为什么要活着。我觉得人活在这个世界上很不容易，觉得孩子不应该出生，来到这个世界是要受苦的。我去问别人，别人往往会嫌烦。

那时候，我完全封闭了自己，不关心这个世界上的任何快乐与哀愁。但我会偷偷地看书，特别是心理学方面的书，我把阅读当成我的爱好和让我觉得有意义的东西。也许潜意识里，我还不甘心堕落于黑暗，还想抓住那一丝光明。

后来因为机缘，我接触到了一位心理咨询经验丰富的老师。老师完全没有把我当成病人，只是说我在心理学方面有独特的天赋，对探索自己的内心充满兴趣，如果我能走出来，就可以帮助很多人。我非常感谢他，我和他没有咨询关系，但是他给了我希望，他没有只盯着我的负面情绪，也没有把我当成弱者和病人，这几年他教会了我很多很多，给予了我走出来的动力。就像艾瑞克森走进抑郁症患者的房间，没有关注周围灰暗的事物，也没有关注他的死气沉沉，而是看见了那束紫罗兰。

也许从那时起，我就有了改变的动力，我想变成点缀黑夜的光，在绝望中发掘力量与希望。我想，也许有一天，我真的能走出来，并为这个世界做些什么。再加上我对内在探索的兴趣，我努力地走了出来，变成了现在的样子。

我认为没有哪一种生物天生就想死，天生就不珍爱生命，所以活着不需要什么理由。弗洛伊德说，人同时拥有生本能和死本能，只是我们要与死本能和解，并发掘生本能，让这股力量成长起来。

沉睡的鱼儿啊（1星优质答主）

初中的时候我曾想到过死，因为我觉得看不到希望、看不到明天，感觉如果未来的生活就是对这种痛苦的重复，活着还有什么意义？那时的我没有真正走到那一步，仅仅是因为我觉得生没有意义，死同样没有意义，我害怕那种空洞的感觉——一种我还什么都没有做，没有在这个世界上留下痕迹，我从这个世界上消失，仿佛没有存在过的虚无感。

现在的我还活着，并且不想死了，因为我已经和这个世界有了联结，无论是和人还是和物。我跌跌撞撞地走到今天，遇到了很多冷漠的人，也遇到了很多给我温暖的人。我自己也充当了别人人生中的过客，一些城市有我走过的痕迹，家里的小物件上有我的温度，我不忍心丢弃它们。

现在，每当我再次陷入抑郁、悲伤或痛苦的泥沼，我都不会放弃生的希望，因为我有了舍不得的东西。最后，我想说，没有理由就是最好的理由，因为活着有时大概是出于求生的本能。

Franklin（5 星优质答主）

至今，我还没有产生过自杀的念头。至于为什么我要活下去，或者我活下去的意义是什么，我也说不清楚。

但是我知道，我在生活中遇到的所有难处、所有困境，别人都遇到过，许多人已经克服了这样的困境。既然别人能做到，为什么我不能呢？另外，我可能始终觉得“好死不如赖活着”。人死如灯灭，死后就是一抔尘土，什么也没有了。既然生命终成尘埃，那为什么不好好享受现在的生活呢？

活着的意义可能还在于这个世界上存在一个人，自己每天向她诉说这样那样的故事，听她的欢声笑语，也是一件很快乐的事情吧。也许生活很难，但是自己爱的人微微上扬的嘴角就是我们坚持的意义。

第 4 章

互动进阶时间

抑郁心理测试

长期罹患抑郁症的英国首相丘吉尔曾这样形容这种疾病："心中的抑郁就像条黑狗，一有机会就咬住我不放。"抑郁症能夺走人感知快乐的能力，随时随地都可能使人崩溃。据调查，我国约有 9500 万抑郁症患者，2/3 的抑郁症患者曾有过自杀的想法，15% 的抑郁症患者以自杀的方式结束了自己的生命。

其实，在情况变得更糟糕之前，我们是有能力及时预防和做出改善的。让我们拿出勇气和"黑狗"对抗，重新夺回生活的掌控权。

下面提供的专业版抑郁心理测试（非免费），是根据世界著名的心理健康量表——抑郁自评量表（SDS）编写的，它将从生理和精神两大方面，在抑郁程度、严重程度、病程、自杀倾向这四个维度上综合评估你的抑郁情况，并提供专业报告及建议，帮助你更好地应对和及时地改善你的现状。

我们想对每个陷入抑郁、恐慌，不知所措的人说："嘿，别害怕，我看见你了，世界和我爱着你。"

扫 码 进 行
抑郁心理测试

抑郁那些事儿分馆

人生答疑馆是面向壹心理所有用户的心理互助和成长问答社区。

这个社区是互助的：每个人都可以在这里发布令自己困惑的问题，也可以帮助他人解惑。

这个社区是公益的：任何人都可以免费发起提问，只要耐心等，总会等到自己满意的答案。

随着人生答疑馆用户的增加，我们听到了“更丰富”的声音：超过 83% 的高校心理学专业的同学反馈“希望借助人生答疑馆和自己的力量，帮助更多人摆脱心理困境”；超过 71% 的高校心理学专业的老师希望建立自己的心理学小天地，通过知识传播，让更多高校学生意识到“求助并不可耻”“求助是安全的、私密的”；超过 65% 的中小型企业希望给员工建立一个“心理安全屋”，帮助他们纾解心理压力。

人生答疑馆分馆满足了以上需求，建立了以馆长为核心，向高频兴趣点、关心的话题、居住的社区辐射的心理问答微圈子。这是一个小小的互助社区，是只属于馆长和成员的安全屋，在这里，你的心事有人倾听。

加入心理学互助社区，与有同样情况的小伙伴一起进入安全屋，沟通交流。

扫　码　加　入
抑郁那些事儿分馆

附录

回答这九个问题，就能知道自己是谁

在心理治疗中，治疗师经常会和来访者讨论以下几个问题。能流畅回答出这些问题的人一般是有稳定身份认同的人，也就是一个找到了“我是谁”这个问题的答案的人。

一起好好来认识一下“我是谁”“我在哪儿”“我想要什么”，活得更笃定、更明白吧！

1 请你介绍一下你自己，你是一个什么样的人？

____

____

____

____

____

2 你有什么理想？这个理想是怎么形成的？

3 你理想的伴侣关系是怎样的？你在这个伴侣关系中扮演什么样的角色，承担什么责任？

4 你理想的事业是什么，你正在做的工作符合你的事业理想吗？这份工作对你的意义是什么？

5 你怎么看待亲子关系？对你来说，一个理想的父亲 / 母亲是什么样的，你期望自己成为这样一个理想的父亲 / 母亲吗？

6 你怎么看待钱？你认为赚到多少钱是足够的？如果你明天一早醒来，已经有足够的钱，你将如何安排自己接下来的生活？

____

____

____

____

____

____

7 对你来说，理想的性生活是什么样的？你理想的性道德是怎样的？在你的性道德观中，什么样的性生活是禁忌的、需要避免的，什么样的性生活是美好的，需要得到鼓励和发展的？

____

____

____

____

____

____

8 你的择友标准是什么？你愿意和什么样的人交往，拒绝和什么样的人交往？

9 你怎么看待死亡？你希望自己活到多少岁？你准备怎么度过从现在到死亡的这段时间？如果你要立遗嘱，这份遗嘱会怎么写？

情绪那点事儿

Ellis
控制
愤怒

Ellis
控制
焦虑

Ellis
理性
情绪

Ellis
我的情绪为何
总被他人左右

不焦虑
的生活

精通情绪
充分乐享人生之道
EMOTIONAL
MASTERY

住在我心里的猴子

精神问题
有什么
可笑的

吃货的50种
情绪减肥法